目录

动物王国的欢歌笑语

DONGWUWANGGUODEHUANGEXIAOYU

戚万凯◎著

河北出版传媒集团
河北人民出版社

图书在版编目（CIP）数据

地上跑的儿歌：动物王国的欢歌笑语 / 戚万凯著. —石家
庄：河北人民出版社，2013.6
ISBN 978-7-202-07181-6

Ⅰ.①地… Ⅱ.①戚… Ⅲ.①动物—少儿读物 Ⅳ.①Q95-49

中国版本图书馆CIP数据核字（2013）第012594号

书　　名	地上跑的儿歌：动物王国的欢歌笑语	
著　　者	戚万凯	

总 策 划	刘成林
责任编辑	马　丽
美术编辑	李　欣
封面设计	陈淑芳
责任校对	张三铁

出版发行	河北出版传媒集团　河北人民出版社
	（石家庄市友谊北大街330号）
印　　刷	三河市南阳印刷有限公司
开　　本	890毫米×1240毫米　　　1/16
印　　张	10
版　　次	2013年6月第1版　2016年6月第2次印刷
书　　号	ISBN 978-7-202-07181-6 / G·2937
定　　价	28.60元

时钟就在我脑子

小鸡早上叽叽叽，

出门去找东西吃。

不用喊，不用叫，

一到中午就回去。

小鸡你们咋知道？

"时钟就在我脑子。"

鸡不但辨别力强，计时能力也很强。早上，一被放出，鸡便直奔外面去觅食。每当中午人们下班吃饭时，鸡也按钟点悄悄地回来了。无论春夏秋冬、刮风下雨，很少例外。

地震预报员

马儿叫，猪儿跑，

鸡乱飞，泥鳅闹……

"注意了，注意了，

地震坏蛋要来了"。

　　地震之前，许多动物都表现出一些反常的行为，比如马会表现得烦躁不安、蹦跳嘶鸣；鸡会飞到树杈或房上去；平时安稳的猪也会跑来跑去，极不老实；泥鳅在水中上下翻腾，一刻不停；冬眠的蛇也会爬出洞来，四处乱窜……这些动物的异常活动，已经成了人们预报地震的一种依据。这些动物为什么能预知地震呢？对这个问题人们现在仍然无法搞清楚。

动物洗澡

人经常要洗澡，自然界中的动物也经常沐浴，以清洁身体，不过方式不同。鸡是沙浴，在沙砾泥土中抖抖羽毛，再左右翻动滚擦。毛驴是土浴，早晨起来在地上打几个滚，把浮土沾在身上抖动几下除去油腻。野马是风浴，迎风站着，双目紧闭，让风儿刮去身上草尘。家猪是泥浴，跑到泥浆里滚一身泥再用清水冲刷。蛇是草浴，春天苏醒后去草丛里爬动，让草叶把身上的油污抹去。

母鸡沙中抖羽毛，
毛驴打滚泥巴掉，
野马风吹身上草，
家猪稀泥滚一遭。
小蛇洗澡怎么办？
草叶身上擦一道。

二大王

大老虎，山中王，喜欢呆在大山上；
雄狮子，兽中王，喜欢住在原野上。
老虎狮子来商量："我俩都是王中王。
呆在一起要决斗，最好各自霸一方。"

谁是兽中之王？有人说是老虎，有人说是狮子。虎常捕鹿、狼、熊为食，一次可吞食30公斤肉，称得上是山中之王。非洲成年雄狮颈披鬣毛，尾拖毛球，吼声洪亮，震天动地，可称兽中之王。那么，狮虎争雄谁为王呢？在自然界里，狮与虎永远没有机会决一胜负。因为狮子大多生活在非洲，老虎只分布在亚洲。它们不在同一大陆上生活，真是天各一方。狮子喜欢生活在原野上，老虎则爱栖息于密林荫道，二者无缘相斗，也就很难判断谁是百兽之王了。

看菊花

花园一片菊花花，
猩猩小狗来看它：
猩猩说它是黄花，
小狗偏说是黑花。
请来裁判长颈鹿，
长颈鹿，笑哈哈：
"猩猩说的是对的，
小狗是你看错啦。"

我们人类能看见周围多姿多彩、五彩缤纷的世界，但动物的眼睛结构与人类的不同，辨别颜色的能力也不一样。狗和猫几乎不会分辨颜色；田鼠和家兔也好不了多少，属于色盲者。但一些大型哺乳动物却有一定的辨色能力，例如鹿对灰色识别力很强；长颈鹿能分辨出黄色和绿色；羚羊、绵羊、马和猪能分辨出好几种颜色；猴子除少数几种颜色外，大部分都能分辨；黑猩猩的辨色能力最强，敏感程度与人类差不多。

吃泥土

森林野猪猪，

喜欢吃泥土；

矿物质、微生物。

助消化，真舒服。

　　生活在森林里的野猪，经常用它那突出的硬鼻子拱开泥土，它们不但吃泥土里的食物，还爱吃泥土哩。吃泥土的动物不仅是野猪一种，河马、犀牛、大象甚至一些鸟儿都有吃泥土的习性。大象每天要吃上几公斤泥哩。动物为什么要吃泥土呢？原来泥土里不但含有矿物质，还有许多微生物，而微生物能够促进消化。另外，泥土里还有一种特别的乳酸菌，能帮助治病哩，能治疗痢疾、消化不良等症，难怪它们要吃泥土呢。

尾巴歌

牛马尾巴驱蚊蝇，
袋鼠尾巴掌平衡，
老虎尾巴甩钢鞭，
壁虎尾巴给敌人。
给了敌人重新长，
好像韭菜割又生。

动物的尾巴各有各的作用。牛、马的尾巴能驱赶蚊蝇，免遭皮肉之苦。生活在澳大利亚的大袋鼠有一条长1米多（最长的可达3米）重10公斤的大尾巴。袋鼠用它支持身体，弹跳时起着舵的作用，并保持身体平衡。老虎的尾巴最厉害，又粗又长，是它进攻和防卫最有力的武器，能横扫一片。小壁虎的尾巴用处更大了，当其他动物恶意地咬住它的尾巴时，它就迅速地把尾巴断掉让给对方，然后自己逃命。以后，在断掉尾巴的地方又慢慢地长出一个新的小尾巴。

7

睡 觉

小狗耳朵贴地睡，马儿常常站着睡，
长颈鹿头搁在背，猩猩对对抱着睡，
狐狸尾巴像毯子，缩成一团是刺猬。
蝙蝠睡觉爱倒挂，一有危险马上飞。

你若留心观察各种动物睡觉的不同姿态，也能发现其中有不少学问呢！猫狗睡觉，一只耳朵紧贴地面，能听到远处传来的声响。马常常站着睡觉，便于逃跑。长颈鹿睡觉时，长脖子向后弯曲，头搁在背上。猩猩在秋冬夜晚，常常成对抱作一团。狐狸睡觉时，把又长又大的尾巴放在脑袋下面，或盖在身上，像一条毯子。刺猬睡觉，蜷着身子，缩成一团，刺毛全都朝外，谁也不敢碰它。蝙蝠双脚抓着树枝、屋檐或岩石，倒挂着身子睡觉。稍有危险，脚一放松，马上就张开双翼飞走。

我的舌头最最长

长颈鹿，舌头长，树上嫩叶一扫光。

食蚁兽，看见了，笑一笑，把头晃：

"我的舌头最最长，动物王国我称王，

嘴巴里面装不下，干脆长在胸骨上。"

在所有动物的舌头中，鱼舌最短。那么，谁的舌头最长呢？长颈鹿可谓"长舌"。它的舌头竟达60厘米，相当于一位成年人胳膊的长度。这样，它能把树上的嫩枝嫩叶卷住，吃起来很方便。但是，在食蚁兽面前，长颈鹿就相形见绌了。食蚁兽的舌头长得出奇。尽管它的头部很长，但还容纳不下能深入蚁穴的长舌。它的舌根长在胸骨部位。想想看，那该有多长吧！

侦察兵

变色龙，去当兵，
什么兵？侦察兵。
树藤上面埋伏好，
一动不动不出声。
发现昆虫就袭击，
昆虫成了俘虏兵。

变色龙是一种30厘米长、绿汪汪的四脚小蛇。它冬眠似地挂在树藤上，在叶片之中纹丝不动，可以连续潜伏8小时～10小时，像有重要任务的侦察兵。的确，它有重要任务，在似睡非睡之中留心四周动静，伺机捕捉昆虫。它的每只眼可以单独瞄准一方，将前后左右的猎物收入视野中，再用长舌发动攻势。变色龙舌头长得出奇，袭击昆虫之时，长舌的长度竟然可以达到身长的一倍，这就难怪昆虫中的飞蛾、蝴蝶之类，离它有50厘米～70厘米距离时，就能被它卷入口中。

肚子饿了摇尾巴

响尾蛇，有办法，
肚子饿了摇尾巴。
尾巴一摇发出声，
好像流水在山崖。
小动物们来饮水，
一下钻进它嘴巴。

响尾蛇的攻击能力很强，喜欢吃鼠类、野兔、小鸡、蜥蜴和其他蛇类。但是，它对庞然大物却很害怕，当人或大动物靠近它时，它就摇动尾巴，发出警告，企图把对方吓跑。此举往往很奏效，因为人和大动物都害怕它的毒牙。响尾蛇摇动它在尾部尖端的响尾环还有一个功能，尾环发出的30米以外就能听到"嘎啦、嘎啦"的声音，小动物们以为这里有小溪，就前来饮水，结果误入蛇口，这也是响尾蛇用来猎食的一种手段。

练嗓

狮子一起床，

张嘴就练嗓。

好像大公鸡，

喊起红太阳。

　　你听过狮吼吗？清晨，当非洲广漠的大草原露出第一道曙光时，一声洪亮的狮吼突然划破天空，震动着沉睡的大地。一狮吼，百狮应。震天动地的狮吼往往持续个把小时。狮子吼时，脖子向前伸长，嘴巴像个扩音器，使吐出肺部的气体发出"隆隆"的吼叫声。狮吼好像是在警告百兽："这是我们的领土，谁也不准入内！"狮吼也是一种"武器"，可使弱小动物吓得心慌意乱，晕头转向，这时狮子发起突然袭击，就容易成功。还有人认为，狮吼还是一种自豪和满足的表示。

大雨刚下完，老虎就画圈。

边走边乱抓，撒尿拉粪便：

"这是我领地，谁敢来侵占？"

雨后的山林，老虎开始绕着山腰转了一圈"视察领地"。除了在领地范围内留下明显的爪痕外，老虎还会在领地边界的地方排泄粪便和尿液。雨水把原有的气味冲走了，老虎当然只得重新做"记号"，才能使其他动物不会闯入"禁区"。有趣的是，动物园里的老虎常常还保留着野外生活的习惯：早晨醒来后会先大便，以示"此笼子是本大王的领地"。

当杀手

老虎当杀手，
野猪捕在手。
正要张口吃，
野猪泪水流：
"为啥要吃我？
我跟你没仇。"

　　虎生来是出色的杀手。虎通常捕猎像鹿和野猪这样的动物，它们的体色非常适合追踪和伏击猎物。虎的斑纹模糊了它的外形轮廓，使它不易被察觉，特别是草长得很高的地方，虎低低地蹲伏着，抬着头。直到猎物与它之间的距离不足20米时，它才跳出。只需跳几下，虎就可以越过与猎物间的这段距离，将猎物扑倒在地。尽管它很努力，但捕捉猎物对虎来说并非易事。通常，10只猎物中有9只未受伤就逃脱了。

修水池

老虎吃人为什么？

不为饥饿为口渴。

牛羊快快修水池，

你们危险少得多。

国际野生动物保护基金会提出：老虎吃人并不是因为饥饿，而是由于口渴，如果老虎喝多了稍稍有点咸的水，它的机体里就会产生相应的化学变化，从而引起口渴。而人体的肌肉组织比较柔软，可以"中和"这种化学变化，起止渴的作用。于是科学家建议，在老虎可能伤害人的森林地区，修建一些比较大的淡水池，以便老虎口渴时能有充分的淡水供其饮用，就可使人免死虎口。

喝水

一只美洲豹，
河边去喝水。
它怕比拉鱼，
亲亲它的嘴。

狡猾而又灵巧的美洲豹能轻易爬上树，从上面跳下来攻击大型动物，但是当它去喝水时，却惧怕小小的比拉鱼。在用舌头舔水之前，它会长时间看着水面，尽力设法看清水下面有没有比拉鱼。如果它决定游过河去，而河流中栖息有比拉鱼的话，众多的比拉鱼会快速向美洲豹游来，在水中将美洲豹多处咬伤，直至美洲豹死去，极少有美洲豹能够逃生。

短跑冠军

百兽举办运动会，
猎豹赶快来报名。
不选长跑选短跑，
冲在前面得冠军。

在非洲沙漠草原地区的猎豹，喜欢生活在有树木的干燥地区。它不喜欢合群，常常独来独往。一见到可以吃的野兽，猎豹便会像被压紧的弹簧突然松开似地猛然腾起，闪电般地扑过去。一般来说，很少有动物能摆脱它的追击，因为猎豹一小时可跑110千米，是动物世界中的"短跑冠军"。

把家安高山

大草原，太平了，
大沙漠，太热了。
雪豹把家安高山，
不见雪花不睡觉。

雪豹是典型的高山动物，终年栖息在雪线附近。冬季栖息于海拔2000米～3500米的高度，夏季则移往6000米以上的高山峻岭，也就是雪线以上，所以称为"雪豹"。

"调虎离山"计

胡狼兄弟上山冈，

遇见一群小羚羊。

胡狼弟弟逗头羊，

假装与它来对抗；

胡狼哥哥冲进去，

拖走一只小羚羊。

"调虎离山"计谋好，

胡狼兄弟把歌唱。

非洲草原上的胡狼会玩"调虎离山计"。两只胡狼遇到羚羊群，其中的一只就与带头的羊摆对抗的阵势，并逐渐向外围移动；而另一只胡狼则乘机冲入羊群，把小羚羊拖了就跑。

生日礼物

熊猫过生日，

给他送贺礼。

不送水果糖，

不送小玩具。

栽片大竹林，

送他新粮食。

中国"国宝"大熊猫以食竹为主，属珍稀、濒危动物，非常古老，有"活化石"之称。现仅分布于中国四川、陕西、甘肃约40个县境内的群山叠翠的竹林中，过着与世无争的隐居生活。大熊猫与许多动物一样，生存状况十分可悲，处在灭绝的边缘。原因无非是人类活动范围扩大，使其退缩于山顶，呈孤岛化分布，食物与配偶资源贫乏，近亲繁殖严重、体质下降、抗病力弱。目前总数仅仅1000只左右，被列为国家一级保护动物，国际自然保护联盟红皮书"濒危物种"。

学跑步

小鼷鹿，上学校，
兔子老师把它教。
小鼷鹿，学跑步，
跟着兔子蹦蹦跳。

鼷鹿外形似麝，但比麝小，长40厘米～48厘米，肩高不足30厘米，体重只有1千克～2千克，是世界上最小的鹿。由于鼷鹿体态小巧，行动灵活，感觉敏锐，所以在林地草丛中奔跳自如，善于隐藏。它虽名鹿，但奔跑姿势却非常像兔子，难怪人们在远处见到它时，往往误认为是野兔子哩！

喝水不用嘴

巨刺蜥蜴要喝水，

只用双脚不用嘴。

脚丫是台抽水机，

送到喉咙送进胃。

巨刺蜥蜴宁愿头顶火辣辣的太阳，站在有水的地方，久久不肯离开。难道它只是为了让脚爪湿润一下吗？其实，站在水渍上的巨刺蜥蜴，正在用它的"独特怪招"吸水呢！原来，这种蜥蜴脚上的鳞片，有一种特别的吸水本领。它们能把地面上的水先吸到腿部的鳞片里，再通过层层叠叠的鳞片，一点点"传送"到颈部的喉咙，最后进入肚子里。有了这种"怪招"，生活在沙漠中的巨刺蜥蜴还会怕干旱吗？

喷血术

敌人后边追角蟾，角蟾想法来作战：
脑血管，爆裂开，鲜血溅上敌人脸。
吓得敌人转身逃，好恐怖，好危险。

南美洲墨西哥沙漠上生长着一种蜥蜴（即角蟾）。当角蟾遇到危急情况时，血液在非常态的高压之下迅速进入颈部、脊背以及头和躯干的其他部位，这些充血部位就会膨胀、挺直，颜色也随之改变，其面目立刻变得十分吓人。当它陷入绝境时，闭孔肌会迅速做出反应，给脑血管的血液加压，直至压力使那些娇嫩血管迸裂，致使血液喷射到捕食者的脸上。猝不及防的"腥风血雨"往往使来犯者落荒而逃。据说，在1.5米的辐射半径内，这种武器总是能克敌制胜。

黑白衣

小斑马，哭鼻子，想要一件花裙子。

妈妈听了摇摇头，给她条纹黑白衣：

"乖孩子，要听话，统一服装出门去"。

从斑马身上黑白两色的条纹，我们会立刻将它们认出来。但是，为什么它们会长这条纹呢？一些人认为这些斑纹可以使敌人难以发现它们，另一些人则认为这些斑纹可以帮助斑马互相辨认。

头下有"空调"

马儿啊，快快跑，
跑热了，有"空调"。
"空调"安在马头下，
大脑零件不会烧。

马在奔跑时会产生很多热量，那么热量过多会不会把它的大脑烧坏呢？答案当然是不会，因为马的头部有天然"空调"。据说马在高速奔跑时血液温度可达45到46摄氏度，但它头部的温度却恒定在40摄氏度左右。这是因为马的头部下方有一对气囊，它们的作用类似于空调散热器，在血液进入大脑前先对其进行降温。

躲太阳

太阳用针刺河马，

河马躲它有办法：

整天泡在河水里，

气得太阳下山啦。

河马是陆上第二大动物，个头仅次于大象，有4米长。同所有的大型动物一样，它们的一大难题是如何让身体保持凉爽。河马用整天泡在水里的办法来度过非常炎热的日子，从而解决了这个难题。河马的眼睛、耳朵和鼻孔都长在头顶上。这样就使它站着或坐在水里时，能几乎全身都被水浸没，只有尽可能少的部分露出水面。夜里，天气变得凉爽一些时，河马便从水里出来吃草。

治皮癣

犀牛治皮癣，

不进大医院。

跳下稀泥塘，

全身滚一遍。

泥稀当膏药，

不花一分钱。

　　大象、河马和犀牛都高大强壮，但却对付不了叮在身上的苍蝇、虱子、蚊子等小昆虫。由于蚊叮虫咬，还会因为真菌引起皮肤癣，既感到难受无比又无可奈何。生了皮肤癣的动物"大汉"，常常会长途跋涉，寻找理想的泥塘"治病"：泡泥浆。经过一个"疗程"几次的浸泡，癣症就能完全消失。把身体埋在缺少氧气的泥浆中，会使那些讨厌的寄生虫呆不下去，连那些深藏在皮肤缝隙深处的虱子，也会在泥巴晒干后，被埋在泥块中一起剥落。

四只小脚丫

小蝌蚪，尾巴摇，
后脚前脚出来了。
四只脚丫出来了，
尾巴慢慢不见了。

　　可爱的小蝌蚪，成群结队地在水里游来游去，显得那么自由自在。细细的小尾巴不停地摆动，这是它唯一的游泳工具。可是，不知道哪一天，池塘里的小蝌蚪们不见了，它们全都成了有4只脚的小青蛙。小蝌蚪的脚是怎么长出来的呢？小蝌蚪的4只脚可不是一起长出来的。它们会先长出一对后脚，右前脚比左前脚先一天伸出来。过不了多久，尾巴会慢慢消失，小蝌蚪就成了真正的青蛙。

没鼻子

青蛙没鼻子，
你用啥呼吸？
青蛙呱呱叫：
皮肤当鼻子。

青蛙用皮肤呼吸，可以通过湿润的皮肤从空气中吸取氧气。它皮肤里的各种色素细胞还会随温度、湿度高低扩散或收缩，从而发生肤色深浅变化。有经验的人能根据蛙色变化预测晴雨。

演杂技

蜘蛛猴，演杂技，
小小尾巴当道具。
一会跳，一会吊，
逗得大家笑嘻嘻。

蜘蛛猴是南美密林中当之无愧的第一流杂技师。它长着一条十分灵活的尾巴，一有不测，比如它攀援的树枝突然折断，它们就会像杂技演员一样，眨眼之间跃到另一棵树上去。看不见它是怎样起动的，只是在转瞬间，它的尾巴已经缠绕在另一根树枝上了。蜘蛛猴休息的时候，常常将尾巴吊在树上，四肢放松，悬挂在空中。

敲门

树枝屋，静悄悄，虫儿里面睡大觉。

小指猴，敲敲门，虫儿醒来吓一跳。

小指猴，撕开门，虫儿看你哪里逃。

指猴是世界上的奇猴，只有鼠那么大。它特别爱吃树木中的幼虫。为了得到它们，指猴沿着树枝匍匐而行，并用敏锐的耳朵靠近树皮，窃听那些幼虫轻微的咀嚼声。有时小虫睡着了，指猴便用指头轻轻拍打树皮，促使睡着的虫子醒过来，发出声响。确定目标后，指猴就用门牙撕剥、凿开树皮，将细长的指头伸入洞中，抠出幼虫来吃。

半夜狼嚎

三更半夜狼嚎叫，
成群结队找面包。
爸爸嚎叫喊妈妈，
妈妈嚎叫把儿找。
狼群一家出门了，
小鹿小羊快快逃。

在偏僻山村，一到夜深人静的时候经常可以听到狼群的嚎叫声。在牧区，狼也是在夜间出来伤害羊群。为什么狼爱在夜间嚎叫呢？狼习惯于夜间出来活动，每到傍晚后，饥饿的狼往往成群结队地出来觅食。一边走，一边发出低声的嚎叫。动物的叫声是相互联系的通讯信号。狼在夜间嚎叫，目的是相互嚎叫而集群，如母狼常发出叫声来呼唤小狼，公狼又唤母狼，集合成群后外出猎食。在繁殖期，狼也往往发出嚎叫来寻找配偶。幼狼在饥饿时则会发出尖细的叫声。

豺爸豺妈离了婚

豺爸爸，豺妈妈，离了婚，爱娃娃。

妈妈经常找爸爸，爸爸身边有娃娃。

见到爸爸打招呼，亲亲热热喂娃娃。

豺一生过着比较稳定的家庭生活，夫妻俩在一起度过的时间很多。共同分享猎物，承担养育子女的义务。如果它们分手了，也会在自己的领地内通过嗥叫保持联系。母豺发出信号告诉对方它在什么地方，然后等待着伙伴的回答。通过声音，母豺确定了公豺的位置。它一路小跑向它奔去，相互深情地打过招呼，就开始为它们的孩子喂食。母豺吐出食物喂给小豺们吃。在我们看来，这实在是一种令人不快的习惯，但是对豺来说却意义很大，胃里存储的食物既安全又便于消化。

狼虎吃肉

老狼吃肉不咀嚼，
这个习惯多不好。
吃肉吃得太快了，
肉在喉咙卡住了。
老虎吃肉真霸道，
利爪撕来牙齿咬。
咬碎骨头格格响，
生怕别人不知道。
小朋友们别学他，
细嚼慢咽营养好。

大家都知道有"狼吞虎咽"这样一句成语，假如你看到了狼和虎进食时的模样，对这句成语的理解一定会更深刻的。狼是爱吃肉的家伙，吃起来连骨头带肉都囫囵吞下去，从来不细细咀嚼。有时候，它们吃得太快，肉在喉咙里卡住了，它们会把肉呕吐出来，再吞下去。老虎吃起东西来，用利爪撕，用牙齿咬，一边吃一边发出"格格格"的咬碎骨头的声响，给人一种凶残的感觉。老虎不但用尖利的犬齿来撕咬食物，舌头上还有许多倒刺，能帮助扯碎肉中的纤维。

猩猩挑食

黑猩猩，爱挑食，

挑食不是乖孩子。

红苹果，削掉皮，

馒头皮，丢在地。

嚼一嚼，不好吃，

叭叭叭叭吐在地。

　　有的人吃东西爱挑食，不吃这，不吃那。同样，动物园里也有爱挑食的动物，黑猩猩就是。别看黑猩猩常显出一副大大咧咧的模样，可吃起东西来嘴巴很"刁"，挑挑拣拣的，鬼点子也多。它们吃苹果，要啃掉皮再吃肉；吃蔬菜的时候，光吃叶子，不吃菜梗；有时吃馒头时还要剥掉皮，光吃里面的馅。碰到不称心的食物，往往放进嘴里胡乱嚼上一气就吐掉了。算下来，每天被它们浪费的食物数量还不少呐。

医院来了新护士

医院来了新护士，腿儿勤来心儿细。

又喂饭，又扫地，跑到厨房把碗洗。

新护士，是猩猩，大家见了伸拇指。

    巴西有一位名叫乌亚马的兽医，训练了一只会照顾其他患病动物的猩猩，充当"猩猩护士"。兽医要求它负责给"病号"准备饭食，喂饭；负责打扫"病房"里的卫生；还要到厨房里去洗碗。病号动物在这位"猩猩护士"的照顾和看护下，都特别听从它的安排，很驯顺。

咕噜咕噜山下滚

小猴子，站山顶，
咕噜咕噜山下滚。
不伤骨，不伤筋，
猴子嘻嘻说原因：
"因为我呀会气功，
拜师曾经上少林。"

在阿尔卑斯山上，有一种四肢短小、形体如野兔的猴子。大雪封山时，它们为了尽快下山觅食，竟能从山顶一直滚到山下，无论山势如何险峻，都伤不了它们一根筋骨。原来这种猴子会运气，在下山之前，它们先运好气，所以不会受伤害。

踢足球

小猴子，真热闹，

踢足球，到处跑。

犯规了，不知道，

罚它球，它还笑。

美国加利福尼亚州有一支猴子足球队，在纽约、华盛顿等地进行巡回表演赛。比赛时，猴子选手身穿球衣球裤，脚穿球鞋球袜，它们动作机敏，在球场上奔跑追逐，场面异常热闹。观众被它们滑稽的犯规动作逗得捧腹大笑。

大家吃

僧帽猴，在一起，
捕猎物，都出力，
有美餐，大家吃。
僧帽猴，不自私。

有种猴子名叫僧帽猴，体形较小，但脑部较为发达。它们会集体追杀猎物，最后杀死猎物的那只猴子会把战利品与参与打猎的同伴分享。在非人类灵长目动物中，除僧帽猴之外，人们目前只知道黑猩猩也会有合作追捕猎物的行为。

深夜杀手

夜猴眼睛圆溜溜，

好像一对玻璃球。

深夜出来当杀手，

昆虫见了浑身抖。

　　在静悄悄的黑夜，夜猴开始猎食，它们"趁黑打劫"，号称"黑夜杀手"。夜猴长着一对圆溜溜的眼睛，眼珠突出，好像玻璃球，能把光线集中在一起，以便在夜晚捕捉昆虫。夜猴在深夜行动，有时发出"喊喊喳喳"、"唧唧啧啧"的鸟鸣声，有时则发出"隆隆"声。

放风筝

飞狐猴，身体轻，

树林里，放风筝。

风筝不怕树枝挂，

飞来飞去吃点心。

飞狐猴生活在雨林里，绝大部分时间都待在树上。它在树上能避开敌人，很安全，所以很少冒险到地面上来。这些树大多是很高大的，高高的树枝上有很多它要吃的食物。它想从一棵树爬到另一棵树上去时，如果一不小心落到地面上来，就有可能被敌人抓住，所以飞狐猴总是在树与树之间滑行。当四肢完全伸开时，它看上去就像一只风筝。它爬上树顶，从那儿开始起跳，它能滑行至70米远，而其间高度仅下降12米左右。

夏眠狗

三伏天，不舒服，
夏眠狗，去避暑。
一觉睡上二十天，
他才起身回老屋。

非洲有一种夏眠狗，十分怕热。在三伏天里，它总是找个凉爽的避暑地，一觉睡上20多天。

追逃犯

警犬鼻子特别灵，
一追逃犯现原形。
为啥逃犯能追到？
逃犯气味在指引。

警犬能执行警卫、侦破、搜索炸弹和毒品等任务，这是因为它有极为灵敏的嗅觉。犬的视力比人差，它看不清300米以外的目标；然而，犬的嗅觉却比人灵敏约100万倍，并且它能分辨近200万种物质的气味。警犬追寻逃犯，是根据逃犯身上散发的独特气味而跟踪追击的。

砸敌人

狒狒路上遇坏蛋，

石块抓在手里面。

大家一起砸敌人，

砸得敌人到处窜。

狒狒生长在美洲，是最大型的猴子，它们成群生活。狒狒的生活很有规律，晚上一起睡在树林里，早上7点钟左右起来，然后一起到外面寻找食物。走路的时候，狒王统一指挥，几只年长的雄狒狒领头或在后面，保卫全队的安全。狒狒懂得用石头作武器，一旦遇上敌人，它们就在地上抓起石块投掷过去，但有趣的是它们从来不用石块袭击自己群里的成员，就是在狂怒的时候，它们也只是从地上抓起石块抛向空中，而决不投掷到自己的同类身上。

唱歌

黑长臂猿荡秋千，

唱起歌儿好喜欢。

你也唱来我也唱，

唱得太阳上东山。

灵长类动物中进化程度较高的类人猿，尾巴消失，以家族群活动。每个家族占据一片森林作为领域。每天清晨，雌猿先发出漫长、高亢的独唱，随后雄猿与之对唱或合唱，中间还夹杂着"呜呜"的共鸣，最后子女也加入合唱。这种特有的喊叫要持续十几分钟或几十分钟。叫声动人心魄，几里外都能听见。这是它们保卫自己领土的呼喊，也是对临近猿群的警告。但这种叫声也把自己的位置暴露无遗，遭到偷猎者的射杀。

演唱会

长臂猿开演唱会，
两个小时不觉累。
一边唱，一边跳，
跳落树叶满天飞。
长臂猿，唱的啥？
"女的快快往后退。"

在所有的猿中，长臂猿最善于吊挂在树枝上，可以很轻松地荡过9米长的距离。长臂猿爱唱歌。它的歌声回响在森林之中，其中雌性克劳斯长臂猿的歌声最为动听。它会在黎明后连续唱上两小时，歌声高低起伏。唱到最高潮时，它还会一边发出高颤音，一边上窜下跳，使树枝摇动、树叶纷纷掉落。这些歌声其实是在告诫附近的雌性长臂猿远离它的配偶。

洗桑拿

大雪山，飘雪花，

日本猕猴走出家。

跳进个个温泉池，

嘻嘻哈哈洗桑拿。

日本猕猴生活的地方比其他任何一种猴子更靠北。人们能够在高山森林里与岩石众多的小山坡上发现它们，因为这些地方积着很厚的雪，所以它们体表长有厚厚的粗毛。在寒冷的冬天，日本猕猴在温泉中洗澡以保暖。池水在地下深处加热后形成了蒸汽浴池。

"投球"

蜘蛛猴，真是逗，

伸出它的五只手。

五只手，在哪儿？

五只手在屁股后。

尾巴卷起花生米，

丢进嘴里像投球。

　　蜘蛛猴生长在南美洲热带森林里。它的四肢长得又细又长，脑袋又小又圆。除四肢外，蜘蛛猴有第五只"手"，就是那根细长的、几乎超过它身体10多厘米的长尾巴。它的长尾巴异常敏感，有极强的缠绕抓拽能力。蜘蛛猴用它的长尾巴像手臂一样攀援树木的枝杈，不但可以轻松灵巧地从一棵树飞跃到另一棵树上，而且还可以紧紧地缠绕在树枝上，把自己的身体像灯笼似地悬吊在空中。它能用那根灵活的尾巴，把像花生米大小的食物卷起，准确地送入自己的口中。

树上小鸟喳喳叫

树上小鸟喳喳叫，
大声吼叫吓不跑。
爬到树上看一看，
倭狨猴像鸟宝宝。

狨又名狷猴。它们最令人惊异的地方是，狨的体形大小和其他猴子比起来相差得十分悬殊，一般只有二三十厘米，体重也不过几十克重。特别是倭狨，它的身长不到10厘米，有的身长不足5厘米，比人的手指还短小。看上去，真像是一个来自"小人国"的客人。由于狨常年栖息在高高的大树上，人们往往只能听到它们喊喊喳喳的叫声，而看不到它们的身影，所以常把它们误以为是鸟类。倭狨小巧可爱，容易驯养，常常攀爬在主人的手指上玩耍，有的把它放养在自己的口袋里，随身带出去玩耍。

跳给你们看一下

一群蜗牛慢慢爬，
玻璃蜗牛笑哈哈：
"我看你们有点傻，
不会跳高只会爬。
如果有人刺激我，
哈哈，
跳给你们看一下。"

嗖

蜗牛行动极其缓慢，它们主要靠腹足肌肉的收缩运动来移动身体，匍匐前进，但有的蜗牛能够跳跃。我国广西南部的一种玻璃蜗牛，当受到刺激时，腹足肌肉会剧烈收缩而跳动，甚至可以跳过十厘米高的障碍。

袋网蜘蛛在草地，
建座网房像手指。
天天呆在网房里，
等待客人上门去。
客人一旦进了门，
再也不能回家去。

等客人

　　袋网蜘蛛是一种臃肿而富有光泽的棕色蜘蛛，有巨大突出的下颚和短胖的腿。它主要在草地里猎食，结的网看起来就像一只手套的手指，它就在这个牢固的管状网内终其一生。当其他昆虫误入网中，它立刻会用长长的螯肢刺中猎物，将其置于死地。

我害怕

小猴子，想打架，

嘴巴发出"嘎！嘎！嘎！"

"嘎！嘎！嘎！"啥意思？

要把对方来恐吓。

对方一听"嘎！嘎！嘎！"

嘴巴赶快发"吉亚"。

"吉亚""吉亚"啥意思？

意思就是"我害怕。"

　　猴子常常为争夺食物和地盘而互相厮打，当一只猴子攻击对方时，会发出"嘎！嘎！"或"喔！喔！"的声音，表示恐吓威胁。弱者听到后，便发出"吉亚！吉亚！"的声音，表示害怕。

随身带个扩音器

瘤鼻猴，真有趣，
随身带个扩音器。
扩音器，是什么？
就是它的大鼻子。

瘤鼻猴生活在由多达60只猴子组成的群体中，而且看上去关系还不错，没有其他猴群中常常发生的争吵和打斗现象。每一群瘤鼻猴都有自己的领地，领地的中央是它们睡觉的树林。领头的雄性瘤鼻猴会发出吼叫，来警告其他猴群不要侵入它们的领地。当成年雄猴发出警告声时，悬在嘴上的大鼻子能修正它的声音。看来，这个怪模样的鼻子能帮助它，使它的喊叫声更响些。

大眼镜

眼镜猴，饿得慌，

晚上出门找口粮。

戴上一副大眼镜，

好像晚上有月光。

像其他许多夜间活动的动物一样，眼镜猴有一双大眼睛。实际上，它的每一只眼睛重达3克，比它的脑子还重。它们对危险非常敏感，甚至在休息时，也会睁着一只眼。眼镜猴有大眼睛，非常适于夜间捕食。它们吃昆虫、青蛙、蜥蜴及鸟类。眼镜猴能身体不动而让头几乎整整转动一圈。这有助于它发现猎物和避开像猫头鹰与小猫等敌人。

买皮衣

金丝猴，逛商场，

金皮衣，真漂亮。

买一件，披身上，

穿一生，不换装。

金丝猴是仅次于大熊猫的世界稀有的珍贵动物之一，只产于我国。金丝猴耐寒，这得力于它那又软又长的体毛，它的背毛长达35厘米，好像身披金黄的蓑衣，小猴的毛色浅黄，大猴则黄中透红，像金丝一样熠熠生辉，金丝猴因此得名。

赶集

狒狒宝宝去赶集，
又打又闹真调皮。
狒狒爸爸生了气：
不听话就滚回去。

狒狒喜欢群居生活，经常上百只一起走。时时高声呼叫，由几只领头雄狒狒控制群内相互间的吵闹、粗暴和侵犯，有明显的序位现象。而群内不能快速奔跑的狒狒群，依靠它富有战斗力的领头公猴去对抗和阻止捕食者。

大象

大象鼻子了不起，
能把树木高高举。
大象耳朵大又大，
身上热量快散发。
大象牙齿长又长，
挖出树根倒地上。

　　象是陆地上最大的动物。象鼻是一个长长的、肌肉发达的上唇。象鼻十分有力，能举起一整棵树，而且它的味觉和触觉非常敏感。在其鼻翘起处有像手指般的嘴唇，可以用来拾起非常细小的物体。象的大耳朵有助于散热，使身体保持凉爽。耳朵有许多血管，当血液在其中循环流动时，热量就会散发到空气中。象牙实际上就是很长的牙齿。象用它的牙来撬开树皮，挖出树根，推倒树干。

大象醉酒

大象吃了酒果子，

肚子变成酒缸子。

吃醉了，就打架，

见人胡乱发脾气。

　　人喝多了就会失态，做出一些令人好笑的事情来。大象醉起酒来也要发酒疯，是"武醉"。南非有一种玛鲁树，树上结着不少黄色的果实，大象很喜欢跑到树下，用身子撞树，把果实震落下来，然后津津有味地享用。不过，一会儿，大象就都成为"醉鬼"了，它们脚步蹒跚，东歪西倒，互相打架，发出的吼声可传到几千米外。原来，玛鲁树的果实在大象的胃里发酵后，会变成酒精，有强烈的麻醉性。

58

海象报信

海象守冰山，天天来值班。

听见汽笛响，张嘴大声喊：

"船员莫靠近，这儿很危险。"

海象的吼声特别响亮，可以传到十几里以外。在北冰洋航行的船只，如果听到它们的吼声，就能够推测冰山在什么方向，真像是冰山的情报员一样，给航海者以莫大的帮助。

吃岩石

非洲象，吃岩石，
好像我们吃玉米。
吃岩石，为了啥？
补充盐分壮身体。

在肯尼亚和乌干达的边境上，有许多奇怪的山洞，其中最有名的要数基塔姆山洞。在每年的干旱季节里，非洲象成群结队地走进洞口，缓慢地穿过基塔姆山洞通道，来到阴暗潮湿的中央大洞，用长长的象牙，在洞壁上凿下一块块的岩石，再用大鼻子卷起岩石，一口一口地吞下肚去。原来，非洲象吞食岩石，是为了补充食物中缺乏的盐分。特别是在干旱季节，躯体庞大的非洲象会大量出汗和分泌唾液，体内盐分消耗较多，为了补充盐分，它们便大量吞食岩石。

边吃鱼儿边清洗

小浣熊，真有趣，

边吃鱼儿边清洗。

小浣熊，你为啥？

是不是怕拉肚子？

浣熊长得像猫，不像熊，但它属于熊科，故称为熊。那为什么又叫它浣熊呢？原来，它总爱在吃食物时边洗边吃。"浣"字也就是"洗"的意思。浣熊在进食前把吃的东西放在水中，像小孩拍水那样洗一洗，然后再津津有味地品尝。吃了几口，又要把食物放进水中漂洗。在动物园里，饲养员总要在它身旁摆一只盛水的盆子。浣熊不仅爱洗吃的东西，而且对自己的"小宝宝"每天也要洗上好几遍。

渴不死

骆驼渴不死，

说出小秘密：

"有水使劲喝，

肚子像水池。

十月不喝水，

一点没问题。"

　　骆驼非常适合，或者说适应在昼热夜寒、缺少水和绿色植物的陆地上生活。骆驼吃各种植物，甚至包括其他动物碰都不碰的荆棘和含盐的灌木，为寻找食物，它们会长途跋涉。骆驼具有惊人的耐力，可以在缺水的情况下行走很长的时间。骆驼在它们的身体组织内贮存水，一只骆驼在不工作时可以10个月不喝水。但到了那时，它会变得又瘦又憔悴，如果找到了水，它可以在10分钟内喝下135升。那时，它的身体会膨胀起来，又恢复到正常状态。

秘密

小羊驼，冻不死，
请问你有啥秘密？
"我的毛发厚又厚，
我的血液很神奇：
红细胞里带氧气，
空气稀薄也没事。"

小羊驼是生活在南美洲的无峰骆驼。它们生活在安第斯山脉高达3650米～4800米的地方。在这样的高处，天气寒冷，狂风呼啸，氧气也要比海拔低的地方稀薄得多。小羊驼之所以能够在这种条件下生存下来，是因为它身上长有厚厚的毛，也因为它们的血液不同于其他动物——其中有更多的携带氧气的红细胞。正因为如此，它们能更好地利用稀薄的氧气。

天天总是一脸笑

树袋熊，脾气好，

天天总是一脸笑。

你想和她吵一架，

哎呀呀，办不到。

在澳大利亚的热带丛林中，生活着一种珍奇而特有的树袋熊。树袋熊身长约60厘米，重可达4千克，体形略显臃肿，没有尾巴，看上去颇像小熊。它性情温顺，脸上仿佛总在微笑。树袋熊发怒的时候也很温柔，它会发出婴儿啼哭般的声音，招人怜爱。

我要冬眠了

冬天要来了，

天气转冷了。

黑熊吃饱了，

身子养肥了。

这下放心了，

我要冬眠了。

　　到了冬天，黑熊等动物都冬眠了。在冬眠之前，还要大吃大喝一阵，把身子养得肥肥的，以备休眠消耗之需。它们冬眠是什么缘故呢？原来，这与动物调节体温的机能有关，有些动物，不能调节自己的体温或调节机能不完善，所以在寒冬的情况下，就要进入休眠期。它们进入休眠之后，体温下降，神经系统的活动受到抑制，呼吸迟缓了，心跳变慢了，一切生理活动大大减弱，甚至完全处于停止状态，能量的消耗很少，只靠体内贮存的营养物质就足以维持生命了。

海豹母子我都要

北极熊，雪地刨，

刨到一只小海豹。

把它搂得紧又紧，

不喊不叫也不咬。

海豹娃娃尖声叫，

海豹妈妈赶来了。

北极熊，哈哈笑：

"海豹母子我都要。"

北极熊虽然笨重，但它嗅觉极为灵敏，它可以透过1米深的积雪嗅到海豹窝。它发现了海豹窝，先用前爪掘开雪层，然后用身子压在上面，堵死通气道，再爬入窝中抓小海豹。小海豹发出呼爹喊娘似的狂叫，但是北极熊却不急于咬死它，反而用前肢将它搂紧，等待外出的大海豹闻声赶来，然后再一网打尽。

撒尿画圆圈

貂熊撒尿画圆圈，

动物画在圈里面。

圈里动物不能动，

貂熊把它当糕点。

老虎不敢进圈里，

好像前面是深渊。

在我国东北大兴安岭深处林海中，生活着一种既像紫貂又像黑熊的动物，称为貂熊。它有捕捉小动物的奇特本领。当它饥饿时，它不是直接攻击或迂回偷袭，而是用自己的尿在地上撒个大圆圈，被圈进来的小动物，就像中了魔法似的，不敢走出圈外，乖乖地等待貂熊来把它们一个一个地吃掉。奇怪的是，在圈外的狼、虎、豹也不到圈内捕捉貂熊，就像孙悟空用金箍棒在地上画的圈一样，一切妖怪都不敢进入。

哪里来的野娃娃

棕熊娃娃去赶集，

大家一见笑嘻嘻：

"哪里来的野娃娃，

身上披件毛皮皮。"

棕熊属食肉动物，体长1.8米至2米，体重可达200公斤至400公斤，令人生畏。由于它能像人一样双脚站立观察周围环境，在树丛中行走时常被人们误认为"野人"。棕熊属环北极分布的喜寒动物，栖息于寒温带针叶林中，在高山草原也能生活。它多在白天活动，行动缓慢，然而在捕猎时行动也会相当迅猛，时速可达每小时40公里。

一睡睡上几十天

台湾黑熊睡懒觉，
一睡睡上几十天。
不吃饭，不排便，
免得好梦被打断。
敌人攻击怎么办？
眼睛一睁就开战。

台湾黑熊在冬天特别贪睡，找一个隐蔽的洞穴或一个大树洞，就安安稳稳地进入了梦乡，一觉可以睡上几个星期，甚至几个月。台湾黑熊在贪睡期间，体温与新陈代谢都保持正常，偶尔还会站起来活动，遭受攻击时，也会醒来作战。台湾黑熊在长睡中，可以不吃东西。为了睡个好觉，台湾黑熊练有"肛塞"的功夫——将排泄物储存起来，睡饱以后再一并解决。

边冬眠边锻炼

大黑熊，不简单，

边冬眠，边锻炼。

一觉睡上百多天，

背不痛来腰不酸。

冬眠中的黑熊，能一睡一个冬天而不用担心肌肉萎缩。因为尽管熊在冬眠期间看上去不活动，但它们实际上进行着一系列旨在保持能量和肌肉的活动。熊在冬眠期一直在强有力并富有节奏地抖动身体，或是通过有节奏的肌肉收缩来保持肌肉的紧张性，保持肌肉的力量和战斗力。

戴眼镜

眼镜熊，爱美丽，

身穿一件黑毛衣，

白眼镜，戴头上，

白色项链戴脖子。

眼镜项链谁买的？

是它爹爹和妈咪。

眼镜熊主要居住在森林中，是唯一产在南美的一种熊。体长近2米，身高不到1米。全身的毛都是黑色或棕黑色，只有眼睛周围有白色的圆圈，看上去很像戴着一副眼镜，眼镜熊的名字因此而来。在它的脖子下面也有一个白色的半圆圈，就像戴了一条白色项链一样，看上去很美。

买围巾

长颈鹿，逛商场，
长围巾，全买光。
拿回家，快接上，
哎呀还要差一丈。

　　长颈鹿之所以成为世界上最高的动物，主要是脖子和腿部都很长（前腿较后腿高），尤其是它的脖子特别长，抬起来好像一座高高的瞭望台。最高的长颈鹿，据说有近7米的高度，比最高的大象还要高出三分之一。长颈鹿的体重重的可达1000千克以上。

鹿角长来干什么

鹿儿有角很温和，
老虎没角转山坡。
鹿儿见了大老虎，
吓得赶快四处躲。
鹿儿我来问问你：
鹿角长来干什么？

头上长角的动物都是食草性的，性情比较温和，没有尖牙利齿。然而，那些凶猛的食肉动物，如狮子、虎、豹、狼等，它们的头上并没有长角，而被它们吃掉的动物却有很多是头上长角的。鹿很少和异类动物发生争斗，对付敌害的唯一办法，就是飞快地逃跑。雄鹿的角主要用于争夺雌鹿。原来鹿群配偶不自由，雄鹿很霸道，体格健壮的雄鹿经常占有数十只雌鹿，这样就会发生两雄争雌的现象，此时鹿角就成了最有力的武器，那些角质坚硬的鹿就会常常打胜仗。

四不像

小麋鹿，来学习，
它向牛儿学蹄子。
尾学驴，颈学驼，
角学啥？学鹿儿。
学来学去四不像，
天天在家哭鼻子。

麋鹿又叫"四不像"，是我国著名的特产动物，是世界上形态最特殊的鹿。有人说它"尾似驴非驴，蹄似牛非牛，颈似驼非驼，角似鹿非鹿"。它和一般的鹿不一样。"四不像"的角很特殊，雄的有角，但缺眉叉，主枝代替眉叉，尾巴比一般的鹿长，体毛随季节而变化，冬天毛色棕灰，夏天为淡赤褐色。四蹄粗壮，喜欢玩水，能够游泳。这种稀有的中国特产动物，目前已无野生的存在，但在北京动物园里，却繁殖了它们的后代。

不怕冷

驯鹿不怕冷，北极安下家。

为啥不怕冷？驯鹿笑哈哈：

"我的脂肪厚，你有我多吗？"

　　北极圈附近的草原地带和森林地带，到处是泥沼和积雪，人们很难进入。这里的驯鹿就像是沙漠里的骆驼，能驮东西，能让人骑，还能拉雪橇。在林海里干活，谁都比不上它呢！驯鹿不怕寒冷，是因为它们的皮下长有一层厚厚的脂肪。

两套时装

梅花鹿，爱漂亮，买了两套好衣裳：
夏天穿件栗红色，白斑点点梅花样；
冬天换件黄褐衣，梅花浓妆变淡妆。

梅花鹿能根据季节更替而变换"衣衫"，巧妙地与环境相适应，以防敌害发现目标。盛夏时节，它那栗红色的外衣上缀满了白斑，好似梅花盛开。到了冬季，它的皮毛就呈现黄褐色，斑斑"梅花"也悄然淡化了。变换时装的秘密，全在于皮层里有一个能够变化的"色彩库"，库里藏着色素细胞。当它受到光线、温度、湿度、敌害或物理化学等因素刺激时，它的神经系统就指挥各种色素细胞，产生相应的色素，运输到体表皮毛或羽毛里，从而呈现出形形色色的时装。

铲子高高举头上

小驼鹿，上山冈，

铲子高高举头上。

我要借来用一下，

它把脑袋摇又晃。

你知道吗？世界上最大的鹿要数驼鹿。有一头公驼鹿足有1吨重，是迄今发现的最大的鹿了。角的形状十分奇特，好似扁平的铲子，有很多小杈，可多至30个。

喜欢天下雨

水鹿像孩子，

喜欢天下雨。

下雨往外跑，

一起玩游戏。

河里洗个澡，

游它几公里。

　　水鹿生活在中、低山区的阔叶林、针叶林、灌木林、林缘草坡。用嘴啃食树叶、青草，如多种植物的茎、叶、花、果。水鹿喜欢群栖，常成对或3～5只结群。白天躺卧在高草丛中或林间休息，黑夜才出来活动。夜间活动时经常发出呼叫声，雨天活动更为频繁。生性机警，善于奔跑跳跃。喜欢在水中活动，常在泥潭中泥浴，夏天尤其喜欢在水中活动，能轻松地游好几公里。

戴口罩

白唇鹿，高原跑，天天戴副白口罩。

叫它出国它不去，它说中国环境好。

　　白唇鹿是我国的珍贵特产动物，其特征是唇部白色。的确，就凭这一点便能区别于其他鹿类。白唇鹿毛长而粗硬，保温性能优良，保证它能在青藏高原3500米以上的高山林带严寒环境自由生活。白唇鹿是栖息海拔最高的鹿类，那里气候通常十分寒冷，从11月至翌年4月都有较深的积雪。它在产地被视为"神鹿"。

出门围条大围巾

颈圈蜥蜴动脑筋，

出门围条大围巾。

遇到敌人怎么办？

围巾张开变雨伞。

敌人一见吓一跳，

转过身去快快逃。

在澳大利亚的沙漠里，蜥蜴是很出名的动物。颈圈蜥蜴大约有90厘米长，比起其他蜥蜴来，它只在头颈周围，悬垂着一些好像围巾似的多余皮肤。当颈圈蜥蜴遇到蛇或其他敌人时，它那原本耷拉着的"围巾"就会像伞一样突然张开，里面的软骨像伞架似的撑起。"伞面"上鲜红的颜色，加上颈圈蜥蜴本来就怪模怪样的"长相"，使大多数对手被这种突如其来的"怪招"吓坏了，赶紧仓皇逃走。

尾巴我不要

壁虎向前爬，
敌人追来了。
哎呀怎么办？
断掉小尾巴。
"尾巴我不要，
随你拿去吧。"

　　许多动物的躯体后端都生有一段尾巴，这段尾巴对于它们有很大的作用：如用以平衡或支撑身体，用作扫打敌人的武器，或暗藏毒针用来防卫敌害等等。壁虎的尾巴尤为奇特，除了平衡身体之外，更有迷惑敌人、吓唬敌人的功能。壁虎在遇到天敌追捕之时，能自断尾巴。尾巴被断开后，能痉挛似地抽搐、扭动，将天敌的注意力或攻击力引向尾巴，使正身得以趁机逃脱。

担心敌人到身边

斑堰蜓，路边玩，

担心敌人到身边。

四只脚丫撑着地，

仔细听来四处看。

一旦发现有情况，

拔腿就跑一溜烟。

斑堰蜓喜欢栖息于山坡、岩壁、耕地、路旁、稻田边深草丛中，捕食各种昆虫、蜘蛛等为食物。它是体型较小的蜥蜴，通体光滑，体背面古铜色或浅棕色，常散布有黑色小斑点，头、体两侧各有一条较宽的黑色带延伸至尾鳍基，其上缀有浅色斑。夜间栖息在草丛中。白天喜在路旁地边活动，平时四肢撑地，抬头警视周围，稍有响动，迅速逃窜，行动十分敏捷。

敌人后面追来了

背脊蜥，快快跑，

敌人后面追来了。

没有路，咋个好？

踩着水面来飞跑。

跑啊跑，跑啊跑，

甩得敌人不见了。

　　奔跑是许多动物逃避敌人的唯一方法。背脊蜥就是这样的一种动物，但它的逃跑方式却非常独特。受惊时，背脊蜥会将后腿直立起来奔跑，并把尾巴伸到后面使身体保持平衡。它能够在地面或枝干上跑。然而更为奇特的是，它也能踩着水面奔跑。如果速度够快，它的脚甚至不会划破水面；而慢下来时，它也可以落进水里游走。通过这样的方式，它大概能够避免受到侵害吧。

吃饭不讲礼

巨蜥哥哥不讲礼，

抢先吃饭不客气。

弟弟饿了跟着吃，

他一发现就生气。

甩起尾巴打弟弟，

弟弟退到一边去。

在印度尼西亚的一些小岛上能发现科莫多巨蜥。科莫多巨蜥是现存最大的一种蜥蜴。在一群科莫多巨蜥中，通常年长而且体形较大的优先进食。它们会用强壮的尾巴击打年幼者，使它们不能接近食物。科莫多巨蜥进食的时候狼吞虎咽，尽它的食量放开肚子吃。有时吃得太多，以至于六七天都不敢再吃饭，等肚子里的食物慢慢消化。

吃蚂蚁

棘蜥吃蚂蚁，

哎呀太费事。

一次吃多少？

一次吃一只。

一餐吃多少？

哎呀五千只。

棘蜥像一根会行走的蔷薇树干，浑身长满了刺。棘蜥看上去很危险，但实际上完全无害。棘蜥是无毒的，也称不上是咬人的动物，但它会向任何可能的入侵者露出尖刺。棘蜥进食的时间很长，因为它只吃蚂蚁，而且一次只用舌头卷起一只蚂蚁放入嘴里。它能在一分钟内卷30只～45只蚂蚁，一餐可以吃1000只～5000只。幸好饱餐一顿后，棘蜥可以维持很长的一段时间，否则真的太费事了。

防身术

穿山甲，遇危险，
身体一跟蜷缩成团。
小脑袋，藏中间，
铁壳衣服露外面。
敌人想吃又怕刺，
气得跺脚转圈圈。

穿山甲有一套防身术，以便遇到危险时能化险为夷。穿山甲在遇到危险时，把身体蜷缩成团，头埋在中间，露在外面的是一身坚硬的鳞甲，使那些贪食的动物无处下口。

耳朵

马儿心情好，耳朵竖得高；

马儿太疲劳，耳朵两边倒；

马儿不高兴，耳朵前后摇；

马儿挺害怕，耳朵摇又叫。

马耳朵会经常摇动，为什么呢？马除了用耳朵作听觉器官外，还能用耳朵表示喜、怒、哀、乐的心情。当马耳朵垂直竖立时表明它心情舒畅；心情不快活时耳朵就前后不断地摇动；紧张的时候头就高高地扬起来，耳朵向两旁竖直，兴奋的时候，耳朵就倒向后方；过度劳累时，耳根显得无力，耳朵倒向前方或两侧；当它困倦时，耳朵就向两旁垂着；当它恐惧时，耳朵就紧张地不停摇动，而且鼻孔发出一种响声，在夜晚这种情况比较多。可见马的耳朵是它心情的晴雨表。

浇庄稼

息西牛，顶呱呱，

嘴巴喷水浇庄稼。

帮助农民做好事，

给它戴朵大红花。

在非洲尼日利亚的乞其牛村，有一种牛叫息西牛。息西牛有个习惯，就是用嘴整天不停地喷水珠儿，只有在饮水、吃草、休息时稍停。人们就利用它的这一特点，干脆让它代替人力来为庄稼浇水。充水供给及时，它在旱地上待上一个小时，就能浇地20平方米～30平方米。原来，息西牛的颈项下长有一个比它头还要大得多的垂囊，它饮水除供身体所需要的水分外，它还要将垂囊灌满，然后慢慢地喷吐——因为它的舌头不能分泌唾液，吐水就是为了让舌头得到水分，受到滋润。

吃 盐

羚牛吃青草，

一点没味道。

它要吃点盐，

想法自己找。

盐碱矿物质，

舔舔味道好。

在喜马拉雅山脉和横断山脉高山地区，生长着中国的珍奇特产动物羚牛。羚牛一般栖住在2000多米以上的高山，夏季可到4000多米以上的高山生活，主要吃草本植物，对盐有特殊的嗜好。有舔食盐碱等矿物质的习惯。

牛眼睛

牛眼睛，看两边，
两边都是大白天；
牛眼睛，看前边，
永永远远是夜晚。

刚刚加入斗牛士行列的新手，最早学到的经验是：尽量站在牛的正前方。因为牛的眼睛不能笔直向前看，正前方是它的盲点。斗牛士利用这一点，才敢出场斗牛，并战胜它。

牛羊生病

澳洲牛羊生了病，

什么病？精神病。

是谁害它生了病？

牛羊找到紫云英。

紫云英，流眼泪：

"你们不要怪错人。

土里含有硒元素，

多了就成害人精。"

广阔的澳大利亚大草原本是食草动物的乐园，不知为什么有些动物突然发起疯来，不服人管，肆无忌惮地狂奔乱跑，横冲直撞，胡踢乱咬，连最好的骑手也驾驭不了。原来，这是牛羊长期吃紫云英草慢性中毒的缘故。紫云英草生长地区的土壤中含有较多的硒元素，紫云英草吸收了硒元素，被牛羊吃后，慢慢地在体内积累起来，越积越多。本来，包括人类在内的动物有微量元素硒，对健康是十分有益的。但如果服用过多，势必导致中毒，从而引发出一系列精神中毒症状。

慢慢踩出一条道

扭角羚，走山道，

悬崖陡坡难不倒。

一只一只挨着走，

遵守秩序不乱套。

天天走来天天跑，

慢慢踩出一条道。

扭角羚生活在中、高山森林、草甸。扭角羚喜欢结群活动。看似笨拙，但善于在陡坡和峭壁上攀爬。行动时一只接一只依序而行。经常行走的地方会形成明显的通道。

过冬天

麝牛一家过冬天，全家老小挤一团。

麝牛娃娃年纪小，把她放在最中间。

爸爸妈妈在四周，遮风挡雨受饥寒。

麝牛生活在加拿大和格陵兰广阔而没有树木的冻土上，这里的泥土大半年都是冻结的。当一群麝牛感觉到威胁时，它们会围成一圈面对敌人，将小牛藏在中间。如果敌人是一头狼，在牛群四周转来转去，牛群就会跟着它旋转，让最强壮的牛正对着它。在冻土带，冬季的气温可能会降至零下70度，风暴也会持续几天不停。在最恶劣的天气里，麝牛会成群地挤在一起，一群可达100只。年幼的麝牛被置于中间，成年的牛则背对着风，直到最强的风暴过去。

划国界

犀牛犀牛真奇怪，
拉屎成堆当国界：
"这是我的边界线，
谁也休想闯进来。
越过边界闯进来，
统统给我快滚开。"

　　日常生活中，每一只犀牛都有自己的"势力范围"。它们认定在某一个地方排粪，时间一长便积起一大堆；撒尿也认定在固定方位的树干或石头上。粪便和尿味就是它们各自的"边界线"，如果有"冒失鬼"越界，将会遭到武力驱逐。它也会大发雷霆，用鼻梁上那只尖硬的角作为武器，猛烈还击。犀牛角很厉害，被它顶一下，不丧生也得受重伤。据说犀牛发脾气时，3头~4头非洲狮也奈何不了它。

误差只有一分钟

野山羊，当时钟，
捉来一只养家中。
半小时，报一次，
误差只有一分钟。

在北美洲的山林中有一种野山羊，每隔半小时"咩—咩—咩—"地叫唤三五声，误差只有1分钟。当地居民就捉来喂养，并按羊的叫声来推算时间。

朋友有难相互帮

狒狒站在羊背上，
睁大眼睛来张望。
望见狮子跑来了，
赶快提醒小羚羊。
羚羊背起狒狒跑，
朋友有难相互帮。

非洲草原上，生活着狒狒和羚羊。羚羊跑得快，但视力很弱；而狒狒则相反。这样，二者就成了患难之交。羚羊吃草时，常有一头狒狒站在它背上瞭望。狒狒一旦看见狮或豹，便发出惊叫，于是羚羊就背着狒狒飞快奔跑。

运货走山路

山路高，山路险，

牛马运货都不干。

小驼羊，走上前，

默默无闻挑重担。

不叫苦，不叫累，

真是一个英雄汉。

驼羊肩高约1.2米，体重70公斤~140公斤。身上长着优质的浓密长毛。在海拔5000米的崎岖山路上，一般动物难以负重行走，驼羊却能驮96公斤重物一天行走26公里。它们对人类非常有用，全身几乎100%可利用：肉可食，毛可纺线织衣，皮可做鞋，脂肪可制蜡。甚至粪也能晾干后做燃料。

你的衣服在哪儿

裸体绵羊不害臊，

不穿衣裤赤条条。

你的衣服在哪儿？

我去帮你找一找。

南美洲热带山林中，生活着一种无毛的裸体绵羊，全身没有毛发，体肤是淡紫色，喜欢群居，肉味鲜美。

天天都像过节日

七彩羊，穿花衣：

赤橙黄绿青蓝紫。

男女老少穿一样，

天天都像过节日。

在欧洲阿尔卑斯山附近，有一种奇异的野寒羊。它的身上有赤、橙、黄、绿、青、蓝、紫七种色彩，呈条纹状，也有呈片状的，十分好看。

成绩就是追不上

双头羊，上学堂，

又聪明，又听讲。

大家拼命追赶它，

成绩就是追不上。

在内蒙古南部草原上，生活着一种为数不多的双头野羊。它们反应灵敏，警惕性高，一旦被牧人发现，便会逃之夭夭。

水羊要拜师，
拜师学草鱼。
水里安下家，
水草当粮食。

拜师

索马里的西南部有一种终年生活在水里
的羊，以食水草为生。这种水羊比普通羊大
2倍~3倍，身上长着一种又浓又厚的防水皮
毛，能在水中游动。羊头上也长着一对犄角。
当地人养这种水羊，既可作为渡河工具，又可
以食用。

笑脸蜘蛛

小蜘蛛，逛商场，

看见脸谱挂墙上。

你也买，我也买，

买来挂在肚子上。

脸谱笑，脸谱哭，

鸟儿吓得飞远方。

夏威夷群岛有一种笑脸蜘蛛，因其腹部有一张笑脸标记而得名。"脸"上有红、白、黑不同颜色的标记，系由上一代遗传而来。笑脸蜘蛛的"脸谱"也有好多种，"脸"上表情各异，有的笑容可掬，有的是喜不自胜，有的面露惊讶，有的则是悲悲戚戚。笑脸蜘蛛家族之所以生出一张人脸，只不过是借人脸吓跑企图啄食它的鸟儿。

是谁说我没嘴巴

海底蛇，没嘴巴。

要吃饭，你靠啥？

海底蛇，生气啦：

"是谁说我没嘴巴？

我的嘴巴是皮肤，

要吃要喝就靠它。"

美国海洋学家在厄瓜多尔的海洋底部约2400米处发现了一种奇怪的蛇。这种蛇身长近3米，除皮肤是少有的粉红色外，更加奇特的是它竟然没有嘴，完全靠皮肤吸收营养。

摇尾巴

鹅喉羚，向前跑，

白尾巴，上下摇。

伙伴一见快跟上，

不掉队来不乱跑。

敌人一见花了眼，

到嘴食物又飞了。

鹅喉羚羊俗称长尾黄羊。它的毛色非常特殊，上身浅黄色，尾巴黑色，下身则是纯白色。尾巴下面有一块大白斑纹。鹅喉羚奔跑的时候，大白斑有节奏地上下晃动，看起来十分醒目。这块大白斑称为"白色尾镜"。白色尾镜对于鹅喉羚来说，具有特殊的意义，它奔跑时尾镜上下晃动是一个信号，可以让幼羚跟上，避免迷失方向，不致于在荒漠中迷途掉队。另外，纯白色的尾镜在日光下面晃动起来一闪一闪，十分耀眼，使跟踪它们的猛兽眼花缭乱，鹅喉羚便能安然无恙。

比丑

高鼻羚，模样怪，
大鼻子，弯下来。
猪八戒，看见了，
笑得眼泪流出来：
"我们两个来比丑，
我看奖章该你戴。"

高鼻羚的别名赛加羚羊、大鼻羚羊。因鼻部特别隆大而膨起，向下弯，鼻孔长在最尖端，因而得名"高鼻羚羊"。冬季多在白天活动，夏季主要在晨、昏活动。跑得很快，而且有耐力，被牧民称为"长跑健将"。人们通常所说的名贵药用羚羊角，就是出自高鼻羚羊。

掉包计

角马妈妈生宝宝，

敌人来了咋个跑？

体内胎盘丢给他，

带着孩子快快逃。

　　大型羚羊角马最危险的敌人是鬣狗，鬣狗通常上午躲在土洞里睡觉，于是雌角马便将分娩时间选在上午。为避免势单力孤被敌人伤害，怀孕的雌角马还会聚到一起集体进行分娩。小角马要在生下三天后才能跟随母亲快速奔跑。在这几天里，角马母子如果遇到鬣狗的袭击，角马妈妈在危急时刻会把产后还一直留存在体内的胎盘迅速排出。当鬣狗争食这"美味"，一时还顾不上攻击小角马的时候，角马妈妈便带着小角马迅速逃远了。巧妙的"掉包计"终于使角马母子脱了险。

都是妈妈小乖乖

小蛇哪儿来？

蛇蛋孵出来；

小蛇哪儿来？

妈妈生下来。

孵出来，生下来，

都是妈妈小乖乖。

蛇到底是生蛋还是生小蛇呢？两种方式都有，有的生蛋，有的生小蛇，因不同的蛇种而异。大多数的蛇是生蛋的。一枚枚白色长椭圆形的蛋被排出体外后，由于有蛋壳的很好保护和有丰富的卵黄作为营养，它们在自然环境中依靠自然温度而发育，到形成能独立生活的小蛇后，就破壳而出。有些种类的蛇生出来的不是蛋而是小蛇。受精卵在母体的输卵管中发育成能独立生活的小蛇后，再由母体排出体外，这就是生小蛇了。这种生殖方式称为卵胎生。

回家看看爸和妈

撒粉蛇，记性差，
经常迷路难回家。
怎么办？想办法，
边走边把白粉撒。
顺着白粉回家去，
回家看看爸和妈。

　　能"撒粉"的蛇生活在马尔加什的岛上，它所经过的地方会留下一条银白色的带子，这条带子就是它沿途撒下的粉末，所以我们称它为"撒粉蛇"。撒粉蛇身上的粉末是它体外脱出的皮干燥后变成的。撒粉蛇走一路撒一路粉的目的是因为这种蛇从来不在"家"外睡觉，必须每天都回"家"休息，但它的记性不好，经常迷路，一离开家就不知道回家的路，所以它便撒下粉末，循着那条银白色的带子，它就能找到"家"了。

谁也没它吃得快

蟒蛇吃饭来比赛，

双头蟒蛇挤进来。

大家一看吓呆了：

看来奖章该它戴。

因为它有两张嘴，

谁也没它吃得快。

美国佛罗里达州首府迈阿密市动物园里有一条世界罕见的两头蟒蛇。这条蟒蛇只要一见到老鼠，就兴奋得不得了。若有人向它扔过去两只老鼠，它立即高昂双头，两嘴共同张开，同时捕食。

嘴生宝宝

昆士兰蛙真奇妙，
它在胃里怀宝宝。
八个星期不吃饭，
嘴里生出小宝宝。

　　澳大利亚昆士兰州的森林中，有一种小青蛙，雌蛙能从嘴里生出小青蛙。小青蛙从雌蛙嘴里出生的速度相当快，像是一个接一个地从母蛙嘴里弹射出来的一样。雌蛙在生小青蛙之前，先把自己的嘴巴张得大大的，大约等1分钟～2分钟后，小青蛙就从雌蛙嘴里跳出。原来，雌蛙在水中产卵后要休息半小时左右，然后将自己所产的全部卵子吞咽到胃里，蛙卵要在胃里孵化8个星期，此时雌蛙不食任何东西。孵成小青蛙后还须在母体里长到能在水中漂浮时才吐出。

相貌生得丑

海蟾个子大，满身小疙瘩。

相貌生得丑，大家喜欢它。

为啥喜欢它？爱把害虫抓。

癞蛤蟆，学名蟾蜍。它们行动缓慢，相貌奇丑，浑身满布大小不等的疙瘩，很不讨人喜欢。可是它们帮助人类消灭害虫的本领却是惊人的。在中南美的热带地区，生活着世界上最大的蟾蜍，叫海蟾，又被称为大蟾和巨蟾。海蟾常活动在成片的甘蔗田里，捕食各种害虫。因此，世界许多产糖地区都把它请去与甘蔗的敌人作战，取得了良好的成绩。每年为人类保卫着相当于10亿美元的财富。

记性不大好

牛蛙真好笑，
记性不大好。
刚被敌人追，
转身就忘了。
重新倒回去，
被人抓住了。

牛蛙又称"喧蛙"、"食用蛙"。牛蛙擅长鸣叫。雄牛蛙高亢的叫声类似公牛的叫声。其声音最远可传到两三公里以外。但是牛蛙的记忆力很差，刚刚还被敌害追击，可转眼之间它就把"敌人"忘得一干二净。所以它常常在原处被捉。

上夜班

癞蛤蟆，上夜班。

捉害虫，当美餐。

不管人们夸不夸，

一样勤快不偷懒。

　　癞蛤蟆又叫蟾蜍，它和青蛙同属两栖类动物，都是"田野里的哨兵"。它们经常"轮换值班"：青蛙主要在白天活动；蟾蜍多在晚间出巡。它们的本领各有所长：青蛙善于跳跃，捕食低飞的害虫；蟾蜍喜欢匍匐搜索，吞食爬行的害虫。据统计，一只蟾蜍每天可捕杀蜗牛、田螺等害虫10只~20只。

气象师

蜘蛛要张网：
是个好天气；
蜘蛛要收网：
老天要下雨。
别看蜘蛛小，
是个气象师。

在我国许多地方，如果见到蜘蛛张网，阴雨天气将会转晴；如果见到蜘蛛收网，天气将转为阴雨。蜘蛛能预测天气，主要是由于对空气中湿度变化反应相当灵敏的缘故。民间常用"蜘蛛挂网，久雨必晴"的谚语来观测天气晴雨。

猪猪的话

我是猪猪，非常聪明。
经过训练，一点不笨：
我会跳舞，我会打滚，
会拿报纸，跳水也行。

"蠢猪"是人们骂人时常用的词，这也难怪，因为猪天生就一副呆头呆脑的样子，看上去就是十足的愚笨相。明朝文学家吴承恩在《西游记》中，也给孙悟空搭配了一位猪兄弟——八戒，用猪八戒的笨头笨脑来衬托猴哥的精灵。其实，猪是一种相当聪明的动物。美国马里兰州一对夫妇养了一头猪，经过训练后，很快地学会了跳舞、打滚、跳水、拿报纸、拉车以及把东西找回来等技能。

狗吃草

好笑好笑真好笑，
狗狗有时也吃草：
胃发烧，吃点草，
清清火来退退烧；
不消化，吃点草，
肠里东西都拉掉。

狗基本上是用胃来消化食物和吸收营养，容易消化肉类食物，不容易消化树叶、草等有"筋"的东西。狗有时也吃草，但吃得很少，偶尔也吐掉。狗吃草不像牛和马那样是为了充饥，而是为了清胃。当狗感到消化不良、胃里发烧时，就吃点草清清火，草变成粪便排泄时，把肠里其他东西也排泄出去。

导盲犬

小狗当名导盲犬，
牵着盲人很安全。
盲人要说谢谢它，
它说不要你的钱。

双目失明的人走路十分困难，他们即使是手拿探路竿，小心翼翼地摸索前进，也难免磕磕碰碰，易发生危险。可是，在有些国家，盲人只要牵着一种经过专门训练的导盲犬在路上，导盲犬会尽心尽力地为主人代目，引导主人走安全的路线。它不但在遇到台阶和深沟时会及时提醒主人注意，引导主人到人行横道上过马路，从不会违反交通规则。除了导路，它还能带领主人购物，帮助主人取送东西。有了它的帮助，盲人的生活真是方便多了。

117

母鸡报喜

母鸡下了蛋，急忙去报喜：

"下蛋有功劳，快快喂我米。"

母鸡又下蛋，这次不报喜：

"啄开米袋子，我会自己吃。"

鸡下蛋时，总显出悠然自得的样子，不时叼起窝内的干草随便玩玩。下蛋后，便报功般地"咯咯"大叫。刚开始，主人会撒一把米喂喂，以示犒赏。可是过了多久，它竟知道自奔米袋，啄开袋口，悄悄地吃个够。

躲太阳

野兔肥，野兔大，
最怕太阳来看她。
太阳一来就躲开，
躲进山洞不说话。
两个月，不出来，
气得太阳回老家。

在南非西部，有一种个头肥大的野兔。这种野兔体内脂肪丰厚，畏暑怕热，所以一到7月和8月就不吃东西，躺在洞里睡大觉。

毛鞋垫

北极兔，大脚丫，
毛鞋垫，踩脚下。
雪地上，来奔跑，
摔不倒，陷不下。

北极兔不仅蹄子很大，而且下面还长有长毛，这样有助于减少压强，即使在雪地上奔跑也不大容易陷下去。

兔子出门带雷达，
收听声音它在哪？
敌人来了就快跑，
快快跑回自己家。
兔子雷达在哪儿？
两只耳朵长又大。

带雷达

胆小的兔子常常把身体隐藏在草丛里，只伸出两只又长又大的耳朵，像雷达一样向四周不停转动，这样既能隐藏自己，又能探听到四周非常细小的声音。照理说，兔子在快速奔跑时，一对长耳朵应该贴在背上，或者像马尾巴那样顺风向后摆，但实际上，兔子的耳朵竟然是竖起来的。这种看起来有点"挡风"的姿势，正好符合兔子的特点：它没有汗腺，奔跑发热时，要通过竖起的大耳朵来得到更多的凉风，以便达到散热的目的。

大夹钳

小猫爪子谁最怕？

老鼠见了最最怕。

爪子像把大夹钳，

老鼠真想偷回家。

你知道吗？小猫的两只小爪子是
非常凶狠的。捕捉老鼠的时候，它抓
住老鼠，比铁钳还要牢呢。

猫咪遇敌

小猫咪，真好笑，

遇见敌人吓一跳。

背一拱，尾一翘，

变成一座石拱桥。

猫遇到比它强大的敌人时，就会拱起背部，翘起尾巴，使自己的个子看起来大了许多，借以吓退敌人。很多小动物都具有自卫的本领：有的会站起来，有的把身子鼓得大大的，有的竖起毛、刺，使敌人不敢小看它们。

猫鼠换位

波斯猫，胆子小，
见老鼠，屋里跑。
跑进屋里躲起来，
它怕老鼠把它咬。

你知道吗？世界上竟然还有猫怕老鼠的呢。一天，重庆市谢家湾正街居民周先生家里，一只小老鼠突然从墙脚蹿了出来。令周先生惊奇的是，小猫咪看见后竟然立刻跑到自己的小屋里躲了起来。老鼠向来是猫玩弄的对象和美食，可是一只猫在面对一只老鼠时却害怕躲了起来。因为这只可爱的波斯猫平时吃的是猫粮，到了周末要吃猫罐头改善伙食，玩的是宠物玩具，从来没有捉过老鼠。

咬箱子

老鼠最爱咬箱子，咬碎箱子又不吃。

为啥老鼠咬箱子？老鼠它要磨牙齿。

牙齿长得太长了，老鼠不便吃东西。

我们会经常发现箱子被老鼠咬坏，在其附近有一堆屑粒。它并没有把硬物吃掉。那么，为什么要咬硬东西呢？一般动物的门齿长到一定的时候就停止了。可老鼠却不是这样，它的上下颌有两对门齿能不断地生长，一个星期可以长出几个毫米来。如果这样不停地长下去，那不是要把它的嘴巴撑得不能合拢了吗？实际上是不会的，老鼠的门齿一面在生长，一面在用咬硬物的方法来磨掉，这样就能抑制门齿的生长。因此，老鼠咬硬物完全是为了磨门牙。

大家不要喜欢它

松鼠喜欢吃果子，
没有果子吃嫩芽。
它给树木脱衣裳，
树木被它害死啦。
松鼠不是乖娃娃，
大家不要喜欢它。

松鼠有一条出名的大尾巴，还有一双黑亮大眼睛和耸起来的耳朵，确实挺讨人喜欢。松鼠的一生几乎都是在树上度过的，它经常在树枝间轻松地奔跑跳跃，它的脚上的爪能刺进树皮，牢牢地抓住树干掉不下来。松鼠喜欢吃针叶树的果实，也吃蘑菇、浆果、昆虫，有时还吃鸟卵甚至小鸟，最糟糕的是它还喜欢吃树的嫩芽，特别是当没有坚果可吃的时候，会以嫩芽为主食。另外，它还喜欢啃树皮，经常使许多树枯死。所以，松鼠是害兽。

老鼠和蛇住一起

老鼠出门找粮食，

要和响尾蛇住一起。

响尾蛇说："我咬你。"

它说："解毒药有的是。"

美国西部的森林里有一种能抗蛇毒的老鼠，这种老鼠与响尾蛇同穴却安然无恙。因为它体内有一种抗蛇毒血清，即使被响尾蛇咬了一口，抗蛇毒血清也会将蛇毒化解。

袋鼠乖乖

小袋鼠，乖又乖，
待在妈妈育儿袋。
睡大觉，喝鲜奶，
不用担心掉出来。

袋鼠是一种有袋动物。小袋鼠出生时很小，在母亲身上的育儿袋中长大。刚出生的灰袋鼠不足2.5厘米长。它们穿过妈妈的体毛爬到育儿袋中，在那里找到奶头后就开始吮吸。大约两个月后，幼袋鼠会试着钻出育儿袋来寻找食物。9个月后，它就完全离开育儿袋了。

搬运工

小仓鼠，当搬运，

搬大豆，运花生。

藏在洞里好过冬，

自己劳动求生存。

在北方的田间常能见到一种野鼠，叫做仓鼠。别看它个头不大，可是搬运粮食的本领却不小。它肋帮子里有两个特殊的颊囊，能够伸缩，一次可以装好几粒大豆或花生米。难怪有时在一个仓鼠洞里可挖出好几斤的粮食来哩！为什么仓鼠要贮藏粮食呢？原来是为了过冬。

挖地道

不修铁路不架桥，

鼹鼠喜欢挖地道。

不偷懒，不取巧，

一分工钱也不要。

挖土工作多辛苦，

吃饱之后睡一觉。

　　鼹鼠非常善于挖土，这是一项使它们日夜忙碌的活动。鼹鼠能快速地在地表下面蹿来蹿去，同时将土拱成一条田垄。它们也会挖出一系列互相连通的坑道，并不断加以修整和延长。泥土被堆放在外面，形成鼹鼠丘，它们的窝被造成卵形，里面铺上了青草和树叶。靠着它们有力的前脚，鼹鼠在土里挖坑道的动作就像是在蛙泳。挖土是一项很容易饿的工作，因而鼹鼠需要经常吃些食物。吃饱了以后，它们会把多下来的小虫贮存在特定的地方供今后食用。

背娃娃

负鼠好妈妈，

娃娃背上爬。

为防娃娃滑，

尾巴勾尾巴。

　　世界上最大的老鼠要数美洲的负鼠了。负鼠身躯很大，长得与大猫一样。负鼠往往把自己的"孩子"背在背上，把尾巴翘在上面，让小负鼠的尾巴钩住它。这样，行走时，小负鼠就不会从背上滑下来。因此，人们称它为负鼠。

钳子

凶狠圆轴蟹，
钳子随身带。
使劲夹住你，
夹住不松开。
啥时才松手？
等到雷声来。

凶狠圆轴蟹性情凶狠，据说被它的"大钳子"夹住，须得等到雷声大作时，这家伙才肯松开呢。如果硬要撬开夹紧的螯，可不是件容易的事。

幽灵蟹

幽灵蟹，胆子小，
一遇危险就乱跑。
边跑颜色边在变，
大家看了吓一跳：
鲜红变成暗红色，
暗褐颜色变没了。

斯氏沙蟹、角眼沙蟹等蟹类也被叫做
"幽灵蟹"，因为这些沙蟹主要生活在较
为干燥的沙滩上，一遇危险惊吓便发疯似
的狂奔，体色也从鲜红转暗红，然后又变
为暗褐色，最后变得"面无血色"，因此
称它为"幽灵蟹"或"鬼蟹"。

骗兔子

小赤狐，眼珠转，翻着筋斗搞表演。

小野兔，睁大眼，叫来伙伴旁边看。

赤狐突然停下来，抓住野兔当美餐。

　　一位动物学家在野外考察时，突然发现山腰处有一只赤狐在剧烈地跳跃着。它背贴地，肚朝天，四肢伸直，发疯般地翻着筋斗。附近的鸟儿和野兔，也同这位动物学家一样，被赤狐的出色表演吸引住了。正当大伙儿津津有味地欣赏时，赤狐突然停止了表演，围观者还没弄清是怎么回事，它已猛地向一只野兔扑了过去。可怜的野兔就这样糊里糊涂地被狡猾的赤狐吞食了。

旅游遇危险

陆龟旅游遇危险，

脑袋缩进肚里面：

"我有一身铁甲衣，

看你把我怎么办？"

龟以其长寿和行动缓慢而闻名。陆龟靠它那覆盖着角质的骨壳抵御敌人的进攻，这使它们成为现存装甲最严密的动物。遇到危险时，它会把头完全缩进壳里，把脚蜷曲在壳下。这样，它就可以抵御大部分的攻击者了。

放臭屁

美洲臭鼬真有趣，一有危险就放屁。

臭气放给猎人闻，猎人熏得倒在地；

臭气放给猎犬闻，猎犬跑到一边去；

臭气放给老虎闻，老虎牙齿没力气。

在美洲的草原与浅山区交界地带，生存着一种最臭的动物——臭鼬。每当它出洞觅食与大型食肉动物及猎人等遭遇时，它当即以迅雷不及掩耳之势跑起来，抢占上风头或高冈处，然后不慌不忙，傲慢地停在那里，把蓬松的长而大的尾巴高高地翘起，从肛门放出一股臭气——从它肛门附近的分泌腺不断分泌出来的臭液，受到体温的温热而挥发成的气体。这种气体极其难闻，在半公里之内能熏倒猎人，臭跑猎犬，在200米～300米距离内，任何凶猛的动物都不敢接近它。

水下工程师

小海狸，有志气，

水下当个工程师。

筑堤坝，先设计，

为了过上好日子。

　　海狸构筑的坝设想非常巧妙，呈楔形，连工匠也不得不佩服。为加强坝的的结实程度，坝基础的强度就越来越高。海狸的施工速度也很快，两只勤奋的海狸一周内可完成10米长的坝。海狸筑坝是它自身生活的需要。海狸通常将食物贮存在池塘底，为了避免底部水在冬天结冰，它们就筑坝以使水平线保持一定高度，同时也可使通向海狸家里的水下通道在冬季仍能畅通无阻。

长寿龟

小乌龟，

慢慢走。

不着急，

会长寿。

　　有关龟的年龄，迄今为止最可靠的记录是一只至少有152岁的老龟。或许正是它们缓慢的生活方式使它们能如此长寿吧！一只龟在情急时能以大约每小时3千米的速度碎步爬行一小段距离。它们爬行的速度取决于气温的高低。陆龟喜欢暖和的天气，在气候寒冷时，它们几乎一动也不动。

郭狐小，耳朵大，

他给白兔打电话：

"你我耳朵都挺大，

都有一个好雷达。

动物声音来收听，

知道它们说些啥。"

打电话

　　机敏的郭狐是狐狸中最小的一种，但耳朵却是最大的。它生活在北非的沙漠中，那里白天酷热，夜晚严寒。白天，郭狐为逃避酷暑呆在地下的洞穴中。郭狐的大耳朵有两大用处：由于表面积大，白天可以帮助身体散热；另外就是增加了辨音能力。晚上，郭狐靠它收听要捕食的动物，如沙鼠、小鸟、蛇和蝎子所发出的声音，也收听那些想吃它的动物，如鬣狗和胡狼发出的声音。

晒太阳

小獴獴，洞里藏，
白天出门晒太阳。
大太阳，多么好，
晒得全身暖洋洋。

獴是猫鼬的一种，一般以24只为一群生活在一起。它们会打洞，在非洲南部干燥辽阔的草原上建立了自己的家园。獴白天呆在地面上，经常只是晒晒太阳。

树懒安家

树懒把树当成家，

天天都在树上挂。

叫它下地走一走，

哈哈，

好像宝宝地上爬。

树懒几乎整个一生都倒挂在树上向前移动。树懒生活在拉美的雨林里，非常适合在树上生活。树懒靠着像钩子似的爪子挂在树枝或树藤上，利用长臂突起于树间搜寻爱吃的树叶和果子。如果一只树懒不得不在地面上行走，它只会很困难地拖着身体移动。树懒的毛与大部分动物的毛长势恰恰相反，它是由腹部朝背部向上长的。这是因为这种动物几乎都是倒挂着。只有这样，雨水才容易顺着毛的长势往下流。

带毒枪

鸭嘴兽，带毒枪，

毒枪插在大腿上。

要是对他不客气，

他就对你开一枪。

鸭嘴兽是极少数用毒液自卫的哺乳动物之一。在雄性鸭嘴兽的膝盖背面有一根空心的刺，在用后肢向敌人猛戳时它会放出毒液。

咬毒蛇

小刺猬，胆子小，
遇见毒蛇却敢咬。
大家见了都吃惊，
都夸刺猬有功劳。

刺猬虽然平常胆子很小，行动迟缓，却有一套捕捉毒蛇的本领。它攻击毒蛇时，先展开蜷缩的身体，狠狠地咬毒蛇一口，等到毒蛇反应过来，闪电般地扑向刺猬时，它已经把身体缩起来了。一连几次，毒蛇只能碰到刺猬的硬刺上。毒蛇威风扫地，就想退却，刺猬可不答应，它迈开小短腿，快步追上毒蛇，瞅个空子扑上去，咬住蛇头的后面，毒蛇不论怎样扭动身体，都甩不掉小刺猬。最后总是刺猬咬碎毒蛇的脊椎骨，然后从尾部下口，把毒蛇吃掉。

讲卫生

狗獾讲卫生，
习惯多么好。
它的小床上，
垫有干草草。
进门要擦脚，
睡前要洗澡。

　　狗獾是营穴居生活的兽类。狗獾的前脚上的爪强大有力，善于挖洞。在平地里，它一分钟内所挖的土足够掩盖它的身体。它的洞穴很深，可达10多米，而且往往不止一个洞穴，而是几个洞穴互相通连。它挖洞的本领确实不错，有的甚至在石灰岩的山坡上挖很多三四米深的洞穴居住。狗獾有爱好清洁的习性，它的洞穴里所垫的干草，经常保持清洁，它每次进巢之前都把脚擦干净，有时睡前醒后还要到水里洗个澡哩。

香獐子，走亲戚，
她把麝香作厚礼。
麝香用来做什么？
香料药材都可以。

送麝香

美洲臭鼬是世界上最臭的兽，那么，世界上有没有最香的兽呢？有，这就是产于中国、朝鲜、日本以及俄罗斯西伯利亚地区的麝，俗称香獐子。麝到底香在哪儿呢？原来，在这种动物的雄兽脐下，有一个奇妙的腺囊，从中可以分泌出一种具有浓烈香气的液体。这种被人称做麝香的气味，不但异常芳香，而且十分强烈持久，即使是几里以外，也能闻到。雄麝为什么要散发出如此强烈的香气呢？原来，这是它招引"新娘"的法宝。

站岗

小旱獭，去站岗，
看了东方看西方。
兄弟姐妹玩游戏，
一点也不受影响。
发现敌人就报警，
兄弟姐妹不伤亡。

　　旱獭是生活在草原上的一种小兽，它们在地下挖洞为巢，修造得十分讲究，既安全，又隐蔽。半岁的小旱獭便会站岗放哨了。哨位通常选在洞穴的高冈处。小哨兵十分忠于职守，任凭兄弟姐妹打打闹闹，痛快玩耍，自己毫不受影响，总是警惕地眼观六路、耳听八方。一旦发现有敌人到来，便及时发出警报，待同伴都撤入洞内，它才撤离岗位。

大刀将军

螳螂将军，挥舞大刀。

苍蝇飞来，砍它一刀；

蝗虫飞来，砍它一刀。

一刀一刀，害虫报销。

　　被誉为"大刀将军"的螳螂，是人们熟悉的昆虫。夏秋季节，常可以看到它们挥舞着两只像大砍刀似的前足，捕捉苍蝇、蛾子、蝗虫等害虫。螳螂依仗它的那两把所向无敌的大刀，能攻善战，无数昆虫和其他体积与它相当的植物，都是它的刀下败将。每年葬身于它那两把大刀之下的害虫真是不计其数。因为螳螂能帮助人类消灭害虫、保护庄稼，所以受到了人类的喜爱，在穷乡僻壤，它们有"庄稼卫士"的美誉。

我是小熊猫

我是小熊猫，

不是大熊猫。

它没我顽皮，

它不会爬高。

小熊猫是亚洲独有的浣熊科动物。它的脸长得圆乎乎的，眼睛长而有神，耳朵尖尖地竖立着，身体较长很像家猫。可是由于它的身体较胖，走起路来又有点像熊，喜欢吃竹子。它和大熊猫有区别。小熊猫生来性情温驯，与世无争，这一点和大熊猫很相像，但它比大熊猫要机灵得多，爬高上树是它的看家本领，有时还很顽皮。

壁龟

委内瑞拉龟，

上过少林寺。

一会爬墙壁，

一会爬树子。

你有啥本事？

指指小肚皮。

肚皮有吸盘，

不会掉下去。

在南美洲的委内瑞拉有一种肉食龟。这种龟喜亮光，只要有一点火光，它就会向有光的地方爬去，碰到墙、树阻挡它们，它就爬上去。所以当地居民要捕食，只要在高墙处放上一盏灯，它就会成群爬来，供人挑选捕捉。正是由于这种龟能上墙爬树，所以都称它为壁龟。壁龟靠什么来上墙爬树呢？壁龟和普通的龟一样，也有硬质外壳，但在它的腹壳中央，有两个圆形吸盘。这两个吸盘虽然很小，但吸附力很强，且能交替吸附。它就依靠这个吸盘，上墙爬树如履平地。

踢完足球不带走

小朋友，踢足球，

踢完足球不带走。

原来足球是犰狳，

犰狳一缩圆溜溜。

南美洲犰狳的模样像"披甲戴盔"的骑士。它头顶有鳞片，像戴着顶头盔。常见的犰狳有三带的、六带的和九带的三种。三带犰狳因为鳞甲较少，遇敌时就把头和尾弯曲起来，缩成一个球形，蜷伏着不动，好像一只活的玩具。这时，鳞甲向外突起，身躯四周都有"铁甲"来保护，敌害没法动它一根毫毛。印第安人的孩子们把犰狳当足球来踢。

找个地方藏起来

敌人后面追上来，
獐子蹦跳快跑开。
跑不赢，怎么办？
找个地方藏起来。

　　獐属哺乳动物，喜欢生活在有芦苇的河岸、湖边和沼泽地区。它们独居或成对活动，很少结成群。它们行动敏捷，性情温和。在受惊时弓起背来，一蹦一跳地跑开，很像野兔，没有自卫能力。它们主要靠隐蔽起来而不是迅速奔跑逃避敌害。

扬子鳄的话

我是扬子鳄，
性格很温顺。
别看我很凶，
其实不吃人。
水中游得快，
爬行我不行。
我爱住洞子，
睡觉真安稳。

扬子鳄外形扁而长，头略高起，吻部低平。吻端有可以启闭的外鼻孔一对。分布于我国长江下游的安徽南部、江苏南部、江西和浙江等地。栖息于河滩、湖泊、沼泽及丘陵山涧的滩地。性情比较温顺。以鱼、软体动物、甲壳类、蛙、龟鳖、小鸟及小型哺乳动物为食。在水中游动灵活而敏捷。在陆地上行动迟缓。大部分时间在洞穴中度过。

朋友全都不理它

果子狸，流泪花，

大家见了都躲它。

SARS病毒惹的祸，

朋友全都不理它。

果子狸也叫"白鼻心"。果子狸善于攀树，常在树上觅食，以野果和谷物为主食，也吃树枝叶、鸟等食物。因爱吃水果，被称为果子狸；又因头部有7块大小不等的白色斑块，与棕黑色被毛相同，构成一个黑白鲜明的特定脸谱，因此又称花面狸。果子狸属于国家二级保护动物。果子狸肉一直被视为难得的山珍野味和滋补佳品，被人们推崇为"山珍之首"。SARS发生后，专家经检测认为人类的SARS冠状病毒来源于果子狸。于是，果子狸遭人类捕杀。

狐狸

狐狸狐狸，你会装死；

狐狸狐狸，你会放屁；

狐狸狐狸，狡猾无比；

狐狸狐狸，我不爱你。

　　狐狸是狡猾、奸诈、贪婪的形象。狐狸生来多疑，诡计多端。如果狐狸遭到猎人的枪击，没被击中，它会装死，将身子变软，停止呼吸，猎人以为它被打死，便放心地把它扔到地上，再去捕别的猎物，可是狐狸却趁机逃跑了。有时它被猎狗追得无法逃脱，便释放一股臭气熏天的"狐臭"，就像化学炸弹，使猎狗透不过气来，狐狸借此机会逃之夭夭。狐狸非常多疑，出洞之前，先在洞口倾听观望，当确认外面没有情况时，才蹿出洞去。